BEI GRIN MACHT SICH IHR WISSEN BEZAHLT

- Wir veröffentlichen Ihre Hausarbeit,
  Bachelor- und Masterarbeit

- Ihr eigenes eBook und Buch -
  weltweit in allen wichtigen Shops

- Verdienen Sie an jedem Verkauf

Jetzt bei www.GRIN.com hochladen
und kostenlos publizieren

Marina Stern

Getränke untersuchen und bewerten

GRIN Verlag

Bibliografische Information der Deutschen Nationalbibliothek:

Die Deutsche Bibliothek verzeichnet diese Publikation in der Deutschen National-
bibliografie; detaillierte bibliografische Daten sind im Internet über http://dnb.d-
nb.de/ abrufbar.

Dieses Werk sowie alle darin enthaltenen einzelnen Beiträge und Abbildungen
sind urheberrechtlich geschützt. Jede Verwertung, die nicht ausdrücklich vom
Urheberrechtsschutz zugelassen ist, bedarf der vorherigen Zustimmung des Verla-
ges. Das gilt insbesondere für Vervielfältigungen, Bearbeitungen, Übersetzungen,
Mikroverfilmungen, Auswertungen durch Datenbanken und für die Einspeicherung
und Verarbeitung in elektronische Systeme. Alle Rechte, auch die des auszugsweisen
Nachdrucks, der fotomechanischen Wiedergabe (einschließlich Mikrokopie) sowie
der Auswertung durch Datenbanken oder ähnliche Einrichtungen, vorbehalten.

Impressum:

Copyright © 2011 GRIN Verlag GmbH
Druck und Bindung: Books on Demand GmbH, Norderstedt Germany
ISBN: 978-3-640-92855-2

Dieses Buch bei GRIN:

http://www.grin.com/de/e-book/172750/getraenke-untersuchen-und-bewerten

GRIN - Your knowledge has value

Der GRIN Verlag publiziert seit 1998 wissenschaftliche Arbeiten von Studenten, Hochschullehrern und anderen Akademikern als eBook und gedrucktes Buch. Die Verlagswebsite www.grin.com ist die ideale Plattform zur Veröffentlichung von Hausarbeiten, Abschlussarbeiten, wissenschaftlichen Aufsätzen, Dissertationen und Fachbüchern.

Besuchen Sie uns im Internet:

http://www.grin.com/

http://www.facebook.com/grincom

http://www.twitter.com/grin_com

Staatliches Seminar für Didaktik und Lehrerbildung (GHS)

Ausführlicher Unterrichtsentwurf

im Fach WAG

Unterrichtsthema:

Ernährung- Getränke untersuchen und bewerten

Fach: Wirtschaft- Arbeit- Gesundheit

Klasse: 7

Schule: Hauptschule

Inhalt

1. Bedingungsanalyse ☐ ☐ entfallen

   1.1. Rahmenbedingungen ☐ ☐ ☐ entfallen

2. Sachanalyse 3

   2.1. Die dreidimensionale Ernährungspyramide 3

   2.1.1. Quantitative Aussage 3

   2.1.2. Qualitative Aussagen 4

   2.2. Getränke 4

   2.3. Zucker und seine Gefahren 5

   2.4. Mit den Sinnen wahrnehmen 6

3. Didaktische Analyse 6

   3.1. Bedeutung des Themas für die SchülerInnen 6

   3.2. Lernvoraussetzungen der SchülerInnen 8

   3.3. Bezug zum Bildungsplan 8

   3.4. Kompetenzen/ Ziele/ Niveaustufen 9

   3.5. Einbettung der Stunde in die Unterrichtseinheit 9

   3.6. Didaktische Reduktion 10

4. Methodische Analyse 10

   4.1. Begrüßung/ Einstieg 10

   4.2. Arbeitsphase 11

   4.3. Ergebnissicherung 11

   4.4. Abschluss 12

   4.5. Puffer 13

5. Literaturverzeichnis 13

6. Anhang 14

1. Bedingungsanalyse - entfallen

1.1. Rahmenbedingungen - entfallen

2. Sachanalyse

2.1. Die dreidimensionale Ernährungspyramide

Die dreidimensionale Lebensmittelpyramide formuliert Ernährungsempfehlungen auf der Eben der Lebensmittel. Sie basiert auf dem Prinzip, dass eine vollwertige Ernährung maßgeblich von zwei Faktoren bestimmt wird: von der geeigneten Mengenrelation der Lebensmittelgruppen zueinander und von der geeigneten Lebensmittelauswahl. Somit lassen sich sowohl quantitative Aussagen, als auch qualitative Aussagen über die tägliche Ernährung treffen. [1]

Bei der dreidimensionalen Lebenspyramide werden beide Bereiche also Quantität und Qualität miteinander verbunden. Auf der Basisfläche finden sich die Aussagen zur Quantität, Aussagen zur Qualität auf den vier Seitenflächen.

2.1.1. Quantitative Aussage

Die Basis der Lebensmittelpyramide ist optisch, wie auch inhaltlich der DGE Ernährungskreis, der die Quantität, also mit seinen Segmenten darstellt, in welchen Mengenrelationen die unterschiedlichen Lebensmittelgruppen in einer vollwertigen Ernährung vertreten sein sollten. Die Größe eines jeden Segments ergibt sich aus dem prozentualen Anteil am Gesamtgewicht der Lebensmittelmenge eines Tagesplanes. [2]

Die Getränke ergeben eine nahezu gleich große Gewichtsmenge, wie die übrigen Lebensmittel. Entsprechend dieser mengenmäßigen Bedeutung und im Hinblick auf die physiologische Wertigkeit werden die Getränke ins Zentrum des Kreises gestellt. Dabei wird die Menge der Getränke- als Fläche im Zentrum des Kreises- kleiner dargestellt, als sie laut Berechnung der Mengenrelation sein müsste. [3]

---

[1] vgl. Fachinformation AID
[2] vgl. ebd.
[3] vgl. ebd.

2.1.2. Qualitative Aussagen

Für das Modell der dreidimensionalen Lebensmittelpyramide werden Lebensmittel in insgesamt vier Gruppen zusammengefasst und zwar nach der Herkunft: „tierische Lebensmittel", „pflanzliche Lebensmittel" sowie in die Gruppe der „Getränke" und die Gruppe „Fette und Öle".

Dabei stehen alle auf der Pyramide abgebildeten Lebensmittel stellvertretend für eine ganze Gruppe. Für jede Lebensmittelgruppe wurden spezifische Kriterien festgelegt, um die ernährungsphysiologische Qualität der Lebensmittel zu bewerten. Alle Lebensmittel einer Seite werden dabei nach den gleichen Kriterien bewertet. Das Ergebnis wird optisch durch die Position auf der Pyramidenseite dargestellt. Diese Wertung gilt nur für die jeweilige Seite und lässt den Vergleich innerhalb der dort repräsentierten Lebensmittelgruppen zu, nicht aber den Vergleich mit Lebensmittelgruppen der anderen Pyramidenseiten.

In der breiten Basis sind die Lebensmittel eingeordnet, die die gesetzten Kriterien sehr gut erfüllen, an der schmalen Spitze stehen die Lebensmittel, die diesen Anforderungen am wenigsten erfüllen. Daraus folgt, dass die weiter unten angesiedelten Lebensmittel bei der Zusammenstellung der Ernährung häufiger berücksichtigt werden sollten als diejenigen, die weiter oben angesiedelt sind. Eine Aussage zur empfehlenswerten Menge gibt die Platzierung auf der Pyramidenseite nicht. [4]

2.2. Getränke

Die Getränke erhalten neben den „tierischen" und „pflanzlichen Lebensmitteln" eine eigene Seite, weil sie Lieferanten für hohe Energiemengen sein können und in engem Zusammenhang zur Entstehung der Adipositas gesehen werden.

Aus diesem Grund ist es notwendig, Getränke besonders aufmerksam auszuwählen und dabei den Energiegehalt zu beachten. Die primäre Aufgabe der Getränke ist die Zufuhr von Flüssigkeit, das Durstlöschen, nicht jedoch die Bereitstellung von Nährstoffen und Energie. Aus diesem Grund zählen Obst- und Gemüsesäfte, sowie Milch nicht zu den Getränken, sondern werden aufgrund ihrer Inhaltsstoffe den pflanzlichen, wie auch den tierischen Lebensmitteln zugeordnet.

---

[4] vgl. ebd.

Zu den ernährungsphysiologischen Bewertungskriterien für Getränke gehören der Gehalt an Energie, Vitaminen und sekundären Pflanzenstoffen, an Süßungsmittel und anregenden Substanzen. Trinkwasser, Mineralwasser, ungesüßte Kräuter- und Früchtetees liefern keine Kalorien und sind deshalb in der Basis der Pyramidenseite angeordnet. Den Durst sollte man vorzugsweise mit diesen Getränken löschen. Weniger günstig sind anregende Getränke oder solche mit mäßigem Energiegehalt. Dazu gehören neben Kaffee und schwarzem Tee auch Obstsaftschorlen, Lightgetränke und alkoholfreies Bier. In der Spitze befinden sich Getränke, die mehr als 7% Kohlenhydrate enthalten und damit relativ viel Energie liefern, wie beispielsweise Fruchtsaftgetränke, Nektare, Limonaden oder Energy Drinks. [5]

2.3. Zucker und seine Gefahren

In der Chemie versteht man unter Zucker die „zusammenfassende Bezeichnung für die kristallinen, wasserlöslichen und meist süß schmeckenden Kohlenhydrate aus den Reihen der Einfachzucker". In der Allgemeinsprache spricht man von dem Zweifachzucker Saccharose, der in vielen Früchten und Pflanzen vorkommt und vor allem aus Zuckerrohr und Zuckerrüben gewonnen wird. Vergleicht man die Werte des Zuckerkonsums von 1850 und 1970 wird deutlich, dass dieser um das neunfache gestiegen ist. Waren es 1850 noch 10 g Zucker am Tag pro Person, so sind es 1997 bereits 90 g Zucker am Tag pro Person. [6]

Dabei kann man zwischen verschiedenen Arten von Zucker unterscheiden. Zucker ist dabei nicht nur zum Süßen von Kaffee und Tee geeignet, sondern ist, zum Teil in beträchtlichen Mengen, auch in vielen anderen Lebensmitteln enthalten.

Im Verdauungstrakt wird Saccherose in ihre Bestandteile, Glukose und Fructose gespalten. Dabei enthält Zucker weder Vitamine noch Mineralstoffe. Sein Energiegehalt wird daher auch als „leere Kalorien" bezeichnet. „Der Nährwert von 1 g Zucker liegt bei 4kcal/16,8kJ. [7]

Die Gefahren des Zuckers liegen vor allem in der Bildung von Karies. Durch die zusätzliche Energieaufnahme kommt es in vielen Fällen auch zu Übergewicht und später zu Herz- Kreislaufstörungen, wie aber auch zu Diabetes.

---

[5] vgl. ebd.
[6] vgl. Brockhaus Ernährung
[7] Brockhaus Ernährung

2.4. Mit den Sinnen wahrnehmen

Der Mensch hat fünf klassische Sinne. Sehen, Hören, Riechen, Schmecken und Tasten. Sie dienen unserer Wahrnehmung und arbeiten mit den Sinnesorganen zusammen. Durch sie können wir Eindrücke und Reize aus der Umwelt wahrnehmen.[8]

Sehen (visuelle Wahrnehmung): Die Augen sind für alles zuständige was man sehen kann. In der inneren Augenhaut, auch Netzhaut genannt, befinden sich unzählige Sinneszellen. Diese können in zwei Typen unterteilt werden. Den Stäbchen, die schwarz-weiß Bilder unterscheiden und so auch das Sehen bei Dämmerung ermöglichen und die Zapfen. Mit diesen Sinneszellen werden Farben aller Art wahrgenommen.[9]

Riechen (olfaktorische Wahrnehmung): Bei der Unterscheidung zwischen schlechten und guten Gerüchen hilft uns die Nase. Dabei befinden sich in der Nase bestimmte Rezeptoren, an die die Duftstoffe andocken. Für jeden Duft gibt es einen extra Rezeptor.[10]

Schmecken (gustatorische Wahrnehmung): Die Zunge ist dafür verantwortlich, wo und wie etwas schmeckt. Mit ihrer Hilfe lassen sich süß, sauer, bitter und salzig unterscheiden. Auf der Zunge befinden sich mikroskopisch kleine Geschmacksknospen, über diese die Geschmacksstoffe aufgenommen werden.[11]

3. Didaktische Analyse

3.1. Bedeutung des Themas für die SchülerInnen

Die Bedeutung des Themas für die SchülerInnen sind zentrale Überlegungen, die laut Klafki bei jeder Unterrichtsplanung stets im Vordergrund stehen sollten.

Gegenwartsbedeutung: Trinken muss jeder. Betrachtet man die Getränke, die von den SchülerInnen jeden Tag mit in die Schule gebracht werden, wird deutlich, dass vor allem zuckerenthaltende Getränke bevorzugt werden. Auf Grund der Tatsache, dass immer mehr Kinder und Jugendliche übergewichtig sind, ist es für

---

[8] WDR
[9] vgl. ebd.
[10] vgl. ebd.
[11] vgl. ebd.

sie wichtig zu wissen, dass man nicht nur durch die Nahrung, sondern auch durch verschiedene Getränke Energie und Nährstoffe zu sich nimmt. Da vor allem gerade die „beliebten" Getränke einen erhöhten Energiegehalt aufweisen, werden sie in engem Zusammenhang mit der Entstehung von Adipositas gesehen.

Zukunftsbedeutung: Auch für die Zukunft der SchülerInnen stellt das Thema Ernährung bzw. im engeren Sinne das Thema Getränke eine große Bedeutung dar. Durch erhöhten Zuckerkonsum, der durch die Auswahl weniger geeigneter Getränke noch zunimmt, kommt es neben der Kariesbildung auch durch fehlende Bewegung zu Übergewicht, was zumeist in Herz- Kreislauf- Problemen und Diabetes endet. Darüber machen sich die SchülerInnen heute zwar noch keine Gedanken, allerdings ist es wichtig schon in jungen Jahren ein Bewusstsein für eine gesunderhaltende Ernährung zu entwickeln und sich darüber hinaus bewusst zu werden, wie die einzelnen Lebensmittel im täglichen Gebrauch eingesetzt werden sollten bzw. welche Risiken sie in sich bergen.

Exemplarische Bedeutung: Durch eine entsprechende Auswahl von Getränken wird gewährleistet, einen Querschnitt des heutigen Angebots im Getränkemarkt aufzuzeigen. Dabei werden vor allem Stellvertreter ganzer Gruppen getestet. Somit können die einzelnen Ergebnisse zwar nicht 100% auf alle Getränke dieser Gruppe übertragen werden, allerdings ändert sich bei der Frage, „ob das Getränk für den täglichen Verzehr geeignet ist" das Ergebnis nicht.

Erweisbarkeit und Überprüfbarkeit: Ob der Sachverhalt von den SchülerInnen verstanden wurde, kann in der letzten Phase des Unterrichtes erkannt werden. Hier geht es zum einen um die Zusammenfassung der Ergebnisse aus dem Test und zum anderen um die Übertragbarkeit auf das tägliche Leben

Zugänglichkeit: Um den SchülerInnen den Zugang zum Thema zu erleichtern, werden vor allem Getränke untersucht, die sie selbst aus ihrem eigenen Verbrauch kennen. Somit wird eine Betroffenheit erzeugt. Jede/ r kann sich in den Getränken wiederfinden. Daraus entsteht am Ende auch eine größere Betroffenheit bezüglich des Ergebnisses, welche Getränke geeigneter bzw. ungeeigneter für eine gesunderhaltende Ernährung sind, oder aber auch für solche Getränke, die dem Körper bei entsprechender Menge einfach nur schaden.

Lehr- Lern- Prozessstruktur: Durch den Wechsel zwischen Unterrichtsgespräch und Selbsterarbeitung in der Testphase und den verschiedenen Arbeitsmaterialien ist eine abwechslungsreiche Methodenvielfalt geboten. Durch den Methodenwechsel ergeben sich auch verschiedene Zugangsweisen zum Thema. Dabei setzten sich die SchülerInnen selbstständig mit dem Thema auseinander. Dadurch wird jede/r SchülerIn zum Nachdenken über die einzelnen Getränke angeregt, woraus ein Bewusstsein für eine gesunderhaltende Ernährung abgeleitet werden kann.

3.2. Lernvoraussetzungen der SchülerInnen

Durch die Unterschiede bei den Lernvoraussetzungen, dem Leistungsniveau und den Lerntechniken der SchülerInnen sind eine differenzierte Darstellung der Unterrichtseinheit und häufige Wiederholungen der wichtigsten Grundlagen notwendig.

Aufgrund der Tatsache, dass das Thema Ernährung seit einigen Wochen Bestandteil des Unterrichts ist, haben sich die SchülerInnen bereits mit anderen Lebensmittelgruppen auseinandergesetzt und verfügen so über ein gewisses Grundwissen. Der Bereich Getränke wurde dabei noch nicht angesprochen. Es kann allerdings davon ausgegangen werden, dass die SchülerInnen in der Lage sind zu unterscheiden welche Getränke empfehlenswerter sind und welche weniger. Allerdings gehe ich davon aus, dass ihnen nicht bewusst ist, was sie wirklich trinken.

3.3. Bezug zum Bildungsplan

Im Bildungsplan der Werkrealschule 2010 für das Land Baden Württemberg findet man folgende Leitgedanken zum Kompetenzerwerb:

Die heutige „Wirtschafts-, Arbeits- und Lebenswelt ist von hoher Komplexität geprägt und stellt Heranwachsende vor vielfältige Herausforderungen." „Im Fächerverbund Wirtschaft- Arbeit- Gesundheit entwickeln die SchülerInnen umfassende Kompetenzen. Diese dienen zur Orientierung in der unmittelbaren Lebenswelt und sind Grundlage, um individuelle berufs- und gemeinschaftsbezogene Entscheidungen treffen zu können und an Werten orientiert sinnvoll zu handeln. Die SchülerInnen sollen dazu befähigt werden, selbstständig und im Team zu arbeiten, sowie Arbeitsergebnisse in unterschiedlichen Formen präsentieren zu können. Weiter sollten sie in der Lage sein, Lernprozesse und Ergebnisse zu reflektieren und zu bewerten. „Sie wissen um die Bedeutung einer gesundheitsfördernden Lebensgestaltung und können eigenes Verhalten daraufhin überprüfen." So sollen die Themen praxisbezogen und handelnd erschlossen werden. „Die Verflechtung von praktischem Tun und reflektiertem Überprüfen der dabei gewonnenen Erkenntnisse ist ein wesentliches Merkmal des Unterrichts im Fächerverbund. Deshalb sind Handeln und Reflektieren zwei Formen des Lernens, die sich wechselseitig bedingen und stützen."

3.4.   Kompetenzen/ Ziele/ Niveaustufen

Im Rahmen der Unterrichtsstunde sollen folgende Kompetenzen angebahnt werden:

Familie- Freizeit- Haushalt (Klasse 7,8,9) :

Die SchülerInnen kennen den Einfluss unterschiedlicher Faktoren auf Gesundheit und Krankheit und wissen um Möglichkeiten und Bedeutung präventiven Verhaltens.

Folgendes *Ziel* steht im Vordergrund:

> Die SchülerInnen sind in der Lage Getränke mit ihren Sinnen zu untersuchen, in Bezug auf die Ernährungspyramide eine Beurteilung im Hinblick auf die vollwertige Ernährung abzugeben und erkennen die Gefahren übermäßigen Zuckergenusses.

3.5.   Einbettung der Stunde in die Unterrichtseinheit

In den vorausgehenden Stunden wurde die dreidimensionale Ernährungspyramide näher thematisiert. Zunächst wurde der Ernährungskreis eingeführt. Darauf aufbauend wurden einzelne Lebensmittelgruppen und die Einteilung in pflanzliche und tierische Lebensmittel näher differenziert und somit die einzelnen Pyramidenseiten näher betrachtet. Auch das Thema Zucker wurde bereits in Bezug auf Süßigkeiten kurz angesprochen, allerdings nicht näher vertieft. Die 5. Stunde bildet somit den Abschluss der Einheit Ernährung. In den darauffolgenden Stunden geht es daher primär um die Umsetzung der erworbenen Kenntnisse, indem auf Grundlage der Ernährungsempfehlungen ein Tagesplan bzw. ein Mittagessen hergestellt wird.

1. Stunde: Der Ernährungskreis
2. Stunde: 10 Regeln der DGE
3. Stunde: Pflanzliche und tierische Lebensmittel
4. Stunde: Fette und Öle
5. **Stunde: Getränke**
6. Umsetzung der erworbenen Kenntnisse

3.6. Didaktische Reduktion

In der Unterrichtsstunde liegt der Fokus auf dem Bewusstwerden des Zuckergehalts in Getränken. Es geht dabei nicht um den Flüssigkeitsbedarf eines Menschen oder um die verschiedenen Zuckerarten an sich. Den SchülerInnen soll bewusst werden, dass zu einer vollwertigen Ernährung auch die richtige Auswahl von Getränken zählt. Weiter soll ein Bewusstsein dafür geschaffen werden, sich mit einzelnen Getränken und Lebensmitteln vor dem Verzehr genauer auseinanderzusetzen, um zu wissen, was man tatsächlich zu sich nimmt.

4. Methodische Analyse

4.1. Begrüßung/ Einstieg

Nach der Begrüßung der Klasse und der Vorstellung der Gäste, hören die SchülerInnen eine kurze Situationsbeschreibung durch die LA, in der es darum geht, Getränke einkaufen zu wollen, die einer gesunderhaltenden Lebensführung dienen, es aber schwer fällt eine Entscheidung zu treffen. Durch diese Situationsbeschreibung soll ein gewisser Lebensbezug zu den SchülerInnen hergestellt werden und bildet den Ausgangspunkt für das weitere Vorgehen. An diese Situationsbeschreibung schließt sich die Frage nach Möglichkeiten an, die sich bieten um Getränke bzw. Lebensmittel zu testen.

Alternativ hätte ich zu Beginn der Stunde die SchülerInnen auffordern können ihre Getränke aus der Tasche herauszunehmen, um darüber zu diskutieren und diese als Ausgangspunkt für die weitere Bearbeitung zu nutzen.

Dieser Einstieg wäre jedoch sehr unsicher, da nicht davon ausgegangen werden kann, dass die SchülerInnen verschiedene Getränke bei sich haben, die sich zum

Testen eigenen bzw. als Ausgangspunkt für das weitere Vorgehen eignen und die Problematik deutlich machen.

Aus diesem Grund habe ich mich für die Situationsbeschreibung als Einstieg entschieden, werde allerdings die einzelnen Getränke der SchülerInnen am Ende der Stunde thematisieren.

4.2. Arbeitsphase

In der Arbeitsphase geht es darum, verschiedene Getränke mit den Sinnen zu untersuchen. Dazu werden Stationen aufgebaut. Insgesamt gibt es vier Stationen. An drei Stationen werden Geruch, das Aussehen und der Geschmack der Getränke untersucht. Dabei unterstützen Wortkarten die SchülerInnen ihre Wahrnehmungen zu verbalisieren. An der vierten Station geht es um die Gefahren des Zuckers für den Menschen, welche in einem kurzen Informationstext zu finden sind. An dieser Station sollen die SchülerInnen die für sich wichtigsten Informationen in eine Mind- map übertragen.

In dieser Phase sollen die SchülerInnen eine Antwort auf die Frage finden, welche Getränke für eine gesunde Ernährung empfehlenswerter sind. In Partnerarbeit testen sie selbstständig und nehmen eine Bewertung vor. Dazu erhalten sie einen Testbogen, auf dem sie ihre Ergebnisse festhalten.

Alternativ hätte ich die SchülerInnen diesen Sachverhalt auch in Form von Expertengruppen erarbeiten lassen können. Hierbei würde sich je eine Gruppe mit einem Sinn näher auseinandersetzen und die Ergebnisse später ihren MitschülerInnen in einem kurzen Vortrag präsentieren.

Um bei allen SchülerInnen in gleicher Art und Weise die Sinne zu aktivieren bzw. anzusprechen, habe ich mich für die Stationsarbeit entschieden. Somit kann gewährleistet werden, dass jede/ r SchülerIn alle Sinne gleichsam einsetzt und so auch jeder für sich zu einem ganzheitlichen Ergebnis kommt.

4.3. Ergebnissicherung

Im Anschluss an die Arbeitsphase schließt sich eine Phase der Ergebnissicherung in einem Unterrichtsgespräch an. Dieses Gespräch findet in der Mitte des Klassenzimmers an einem Tisch statt. Diese Form der Sicherung ist dabei nur möglich, da es sich um eine kleine Gruppe von SchülerInnen handelt.

In dieser Phase werden zunächst die Ergebnisse der Untersuchung thematisiert. Dabei müssen die SchülerInnen einen Transfer zwischen Sinneserfahrung und der Einordnung der Getränke in Gruppen leisten. Die SchülerInnen wissen zu diesem Zeitpunkt, dass nicht alle Getränke für eine gesunde Ernährung geeignet sind und können dies auch begründen. Davon ausgehend, ordnen die SchülerInnen die Getränke den Ampelfarben zu. An dieser Stelle kann es zu Einordnungen kommen, die nicht stimmen. Allerdings wird dies erst später, wenn es darum geht, Zuckerwürfel zuzuordnen, also zu schätzen wie viel Zucker tatsächlich in einer Flasche enthalten ist, thematisiert. Dann wird nämlich deutlich, in welcher Reihenfolge die Getränke auf der Pyramidenseite zu stehen haben. Um den SchülerInnen deutlich zu machen, welche Energie in einer vorgestellten Getränkeflasche versteckt ist, wird ein Vergleich mit Brotscheiben herangezogen. Dabei ist darauf zu achten, dass deutlich wird, dass zu viel Brot auch der Figur schadet, allerdings bei gleichem Energiegehalt im Gegensatz zu Fanta und Co satt macht.

Am Ende der Ergebnissicherung wird auf die Gefahren von übermäßigem Zuckergehalt eingegangen und es werden Möglichkeiten erarbeitet, um diesen zu vermeiden, indem man darauf achtet, Getränke zu sich zu nehmen die wenig bzw. keinen Zucker enthalten. Dies wird anhand der Ernährungspyramide nochmals deutlich gemacht.

Alternativ hätte ich die Ergebnissicherung auch durch eine Stationsarbeit durchführen lassen können, bei der sich die SchülerInnen selbst kontrollieren. Allerdings würde ich auf diesem Weg kein Einblick in das erworbene Wissen erhalten und eine Diskussion über die Problematik würde auf der Strecke bleiben.

So bezieht sich die Sicherung auf das mündliche Besprechen der Thematik. Aufgrund der Tatsache, dass nur ein Bewusstsein für den Zuckergehalt in Getränken erworben werden soll, ist es meines Erachtens nicht sinnvoll, die Aspekte explizit aufschreiben zu lassen, um so zu einer schriftlichen Sicherung zu gelangen.

4.4. Abschluss

Zum Schluss stellt sich natürlich die Frage, welche Empfehlung ausgesprochen wird. Was sollte man also trinken, wenn man sich vollwertig ernähren möchte. Diese Antwort bezieht sich wiederrum auf den Beginn der Stunde. Somit wird die Testphase in einen Zusammenhang gestellt und die Stunde erhält einen Rahmen.

Meiner Meinung nach, ergibt sich an dieser Stelle, aufgrund des Beginns der Stunde, keine weitere Möglichkeit die Stunde zu beenden, da sonst Einstieg und Arbeitsphase ohne Zusammenhang stehen würden.

4.5. Puffer

Je nachdem, ob im Abschlussgespräch eine Diskussion beginnt, oder aber auch nicht, sollen die SchülerInnen ihre in die Schule mitgebrachten Getränke einordnen und eine Bewertung dazu abgeben. Dadurch wird der Bezug zu den SchülerInnen selbst hergestellt. Sie beginnen über ihre eigene Gewohnheiten nachzudenken und zu begründen bzw. die Verzehrmenge für bestimmte Getränke zu überdenken.

Falls alle SchülerInnen, wider Erwarten, nur Wasser bei sich haben, gibt es die Möglichkeit diese Fragestellung auf den Getränkeautomat in der Schule zu übertragen und die dort angebotenen Getränke auf ihre Eignung zu untersuchen und in die Ernährungspyramide einzuordnen. Aus diesem Grund steht ein Getränkekasten mit allen, im Automat angebotenen, Getränken bereit.

5. Literaturverzeichnis

- Baden – Württemberg, Ministerium für Kultus, Jugend und Sport (2010): Bildungsplan Werkrealschule

- aid/DGE: Die Dreidimensionale Lebensmittelpyramide- Fachinformationen

- WDR: Wissen macht Ah! – Wie viele Sinne hat der Mensch? 2011 http://www.wdr.de/tv/wissenmachtah/bibliothek/sinne.php5 (05/2011)

- F.A. Brockhaus GmbH, (2004): Der Brockhaus Ernährung. Gesund essen, bewusst leben. Mannheim

6. Anhang

Verlaufsskizze

Name:	Thema der Stunde: „ Getränke untersuchen und bewerten"	Spezifische Voraussetzungen für die Stunde:
Mentor: **Lehrbeauftragte:** **Rektor:**	*Anzubahnende Kompetenz:* **Familie- Freizeit- Haushalt (Kasse 7-9)** Die SchülerInnen kennen den Einfluss unterschiedlicher Faktoren auf Gesundheit und Krankheit und wissen um Möglichkeiten und Bedeutung präventiven Verhaltens.	Hausaufgaben: -
Schule: HS **Klasse:** 6/7		
Fach: WAG	*Ziel der Stunde:* Die SchülerInnen sind in der Lage Getränke mit ihren Sinnen zu untersuchen, eine Beurteilung im Hinblick auf die vollwertige Ernährung abzugeben und erkennen die Gefahren übermäßigen Zuckergenusses.	

Zeit	Unterrichtsverlauf		Didaktisch-methodische Bemerkung	Sozial-form	Me-dien	Reflexion
	Geplantes Lehrerverhalten	Geplantes Schülerverhalten				
11.25-11.35 Uhr 5 Minuten	Begrüßung der Klasse und der Gäste **Einstieg:** LA erzählt von ihrem letzten Einkauf und problematisiert das Thema der Stunde. *...Aus diesem Grund habe ich die Getränke heute einfach mitgebracht und würde diese nun gerne mit euch testen.* Welche Möglichkeiten gibt es, Getränke zu testen?	SuS hören zu Wir können Getränke auf Geruch, Geschmack, Aussehen testen.	Problem-orientierter Einstieg	Vortrag	Einkaufs- korb, Getränke	
11.35-12.00 Uhr 25 Minuten	LA erklärt die Stationen und nennt die Aufgabenstellung. **Arbeitsphase:** Arbeit an Stationen - Geruch - Geschmack - Aussehen - Gefahren von Zucker	Ein S wiederholt die Aufgabenstellung SuS gehen an die Stationen, untersuchen die Getränke mit ihren Sinnen und notieren sich ihre Ergebnisse.	Arbeits-auftrag wird durch Bilder an der Tafel visualisiert. Falls SuS an den Stationen schneller fertig sind, als erwartet, wird die dafür vorgesehene Zeit verkürzt.	PA	Bilder Stationen, Getränke, AB , Gläser	

| 12.00-
12.12
Uhr

12
Minuten | **Ergebnissicherung:**
Ich gehe davon aus, dass ihr zu einem Ergebnis gekommen seid.

LA legt 3 Papiere (rot, gelb, grün) auf den Tisch und wartet auf SuS- Äußerungen. *Die Farben haben eine bestimmte Bedeutung.*

Versucht die Getränke zuzuordnen und eure Entscheidung zu begründen.

LA fasst die Ergebnisse zusammen und geht auf den Faktor „Zucker" ein.
Schätzt einmal wie viel Zuckerwürfel in den einzelnen Getränken enthalten sind.

LA geht auf den Zuckergehalt in jedem Getränk ein und stellt Schälchen mit Zuckerwürfel dazu. Nachdem der Zuckergehalt aller Getränke geklärt ist, wird ein Vergleich mit Brotscheiben angestellt, dabei jedoch darauf verwiesen, dass zu viel Brot auch nicht gesundheitsfördernd ist, es aber einen großen Unterschied macht, ob ich etwas trinke oder esse. | Nicht alle Getränke sind für eine gesunde Ernährung geeignet, weil sie viel Zucker enthalten.

Es sind die Ampelfarben der Pyramide. Rot bedeutet, dass man sehr wenig davon zu sich nehmen soll, gelb mehr und von grün am meisten.

SuS ordnen die Getränke den farbigen Papieren zu und begründen ihre Entscheidung.

SuS schätzen den Zuckergehalt der Getränke.

SuS äußern sich, sind erstaunt, diskutieren. Zuviel Brot macht auch dick, nach so viel Brot ist man sehr satt. | SuS ordnen die Getränke den Farben zu, dabei soll es zu einer Diskussion kommen. Es wird in Kauf genommen, dass Getränke auch falsch eingestuft werden, dies wird im nächsten Schritt verbessert. | UG | Tisch mit Getränken

Ampel-farben

Zucker-würfel, Brot-scheiben | |

	Im Anschluss wird auf die Gefahren des Zuckers eingegangen bzw. darauf eingegangen, welche Gefahren von Getränken mit viel Zucker ausgehen und über die Folgen für den Körper gesprochen. Ergebnis der SuS wird mit der Ernährungspyramide verglichen.	Man nimmt durch die Getränke viel Zucker zu sich, den man vermeiden könnte, wenn man beispielsweise Tee oder Wasser trinkt. Es ist vor allem Nahrungs- und Kalorienzufuhr, die nicht satt macht. Übergewicht, Krankheiten			E- Pyramide
4 Minuten	**Abschluss:** Zum Schluss stellt sich jetzt natürlich die Frage, welche Empfehlung ihr nun aussprecht. *Was sollte man trinken, wenn man sich vollwertig ernähren möchte?*	Man soll vor allem Wasser und ungesüßten Tee trinken, weniger Saftschorlen und ganz wenig puren Saft, Limo, Cola und Energiedrink zu sich nehmen.	Eventuell wird an dieser Stelle Kritik gegenüber den Ernährungs-empfehlungen geäußert, die dann als Ausgangs-punkt für eine Diskussion genommen werden.	UG	
	Puffer LA fordert SuS auf, ihre Getränke aus ihren Taschen herauszunehmen und lässt die SuS ihre Getränke den Ampelfarben zuordnen und gegebenenfalls darüber diskutieren. *Alternative: Getränkeautomat*	SuS nennen ihre Getränke, ordnen diese den Farben zu und diskutieren darüber.		UG	

„Getränke untersuchen und beurteilen"

Getränk	Aussehen	Geruch	Geschmack

Station 1: Geruch

<u>Aufgabe:</u>

1. Vor dir stehen fünf verschiedene Getränke.

2. Beschreibe den Geruch der Getränke.

3. Notiere dir die Beschreibung auf deinem

   Arbeitsblatt.

Station 2: Aussehen

<u>Aufgabe:</u>

1. Vor dir stehen fünf verschiedene Getränke.

2. Schau sie dir genau an.

3. Beschreibe das Aussehen und notiere es dir auf

   deinem Arbeitsblatt.

Station 3: Geschmack

<u>Aufgabe:</u>

1. Vor dir stehen fünf verschiedene Getränke. Fülle dir von jedem Getränk einen Schluck in deinen Becher.

2. Nimm einen Schluck und beschreibe den Geschmack.

3. Notiere dir die Eindrücke auf dein Arbeitsblatt.

Station 4: Gefahren des Zuckers

<u>Aufgabe:</u>

1. Lies den Informationstext durch.

2. Erstelle eine Mind- map mit den wichtigsten Informationen.

3. Welche Konsequenz ziehst du daraus?

Informationstext

Sogenannte Softdrinks wie Cola oder Fanta enthalten viele Kalorien. Cola-Junkies, die am Tag bis zu einen Liter ihres Lieblingsgetränks trinken, müssten beispielsweise eine komplette Hauptmahlzeit einsparen, um die zusätzlich gewonnene Energie wieder auszugleichen.

Dass Zucker zur Übergewichtigkeit führt, wissen alle. Trotzdem soll die Zahl der 'dicken' Deutschen, aufgrund des Zuckers, in zehn Jahren von 4 Millionen auf mehr als 8 Millionen steigen.

Amerikanische Forscher entdeckten, dass Zucker tödlich sein kann, da Dickleibigkeit und Diabetes sehr eng in Verbindung stehen. Diabetes führt zu schweren organischen Schäden, Nieren- und Nervenschäden, zu einem viel höherem Herzinfarktrisiko. Die Lebenserwartung sinkt um ein Drittel, das Schlaganfallrisiko verdoppelt sich und das Risiko zu erblinden vervierfacht sich

Was für Softdrinks gilt, trifft übrigens auch auf Fruchtsäfte zu – egal ob frisch gepresst oder aus dem Supermarkt. Wer glaubt, sich damit etwas Gutes zu tun, irrt. Einige Säfte enthalten mehr Zucker als Cola. Trotzdem muss niemand auf die vitaminreichen Säfte verzichten: Wer Fruchtsaft und Wasser im Verhältnis eins zu drei mischt, kann die wichtigen Inhaltsstoffe aufnehmen und hat gleichzeitig einen idealen Durstlöscher zur Hand.

Zucker